AF231839

DESCRIPTION

DES QUATRE HERBES

QUI ONT LA PROPRIÉTÉ DE GUÉRIR DE LA RAGE,

ET DE PROUVER

SI LA PERSONNE OU L'ANIMAL QUI A ÉTÉ MORDU EST VÉRITABLEMENT ENRAGÉ.

Découvertes en Allemagne et rapportées en France

PAR M. LE DUC DE DOUDEAUVILLE.

EXTRAIT

De la Flore Médicale décrite par MM. Chaumeton, Poiret, Chamberet,

Peintes par Mme E. P..... et par M. J. Turpin,

ÉDITION PANCKOUCKE,

ET DE LA FLORE FRANÇAISE DE MM. DE LAMARCK ET DE CANDOLLE.

Première Édition.

BOULOGNE-SUR-SEINE,

MARCHE, LIBRAIRE, GRANDE-RUE, N° 37.

—

1846.

PARIS. — IMPRIMERIE DE CHASSAIGNON,
Rue Gît-le-Cœur, 7.

EXTRAIT DU CONSTITUTIONNEL

DU 11 SEPTEMBRE 1846.

M. le duc de Doudeauville rapporte d'Allemagne un remède contre la rage ; les effets merveilleux de ce remède lui ont été attestés par des personnes dont la parole, dit-il, mérite toute confiance. M. le duc de Doudeauville fait appel à la publicité pour vulgariser ce remède aussi efficace que facile à se procurer. Nous nous empressons d'en donner la recette.

A la fin du mois de mai, au commencement de juin, ou bien au mois de septembre, il faut cueillir les quatre espèces d'herbes suivantes : 1° *Euphorbia villosa;* 2° *Vèratum album;* 3° *Polygonium hydropiper ;* 4° *Helleborus vulgaris.* Ces plantes croissent habituellement dans les prairies marécageuses. Pour s'en servir, on prend une forte pincée de chacune d'elles, on les met dans une théière, et on jette dessus de l'eau bouillante, comme une infusion de thé. Après quelques minutes d'infusion, on en donne la valeur d'un verre ordinaire à la personne ou au chien qui a été mordu par un chien que l'on sait ou que l'on croit avoir eu la rage. Dans les premiers momens, on se contente de laver la plaie avec de l'eau et du vinaigre. Il faut laisser écouler vingt-quatre heures pour un chien, et deux fois autant pour un être humain avant de leur faire avaler le remède que l'on vient de décrire. Il a, outre l'avantage précieux de dé-

truire les effets de la morsure, celui d'indiquer avec
certitude si elle provient d'un chien effectivement enragé ou non. Dans le premier cas, cette potion, qu'il
faut toujours prendre à jeun, produira des vomissemens violens, et on continuera à la donner jusqu'à
ce que les vomissemens soient entièrement calmés, ce
qui arrive ordinairement après la troisième et au plus
la quatrième dose, en en prenant une chaque jour. Si
au contraire le chien n'était pas enragé, le malade ne
vomira pas. Il suffit de l'essayer deux fois de suite ;
mais alors la frayeur serait dissipée, et on éviterait le
danger qui provient d'une imagination frappée. Après
avoir passé par l'épreuve de ce remède, on peut, sans
aucun inconvénient, conserver un chien qui aura été
mordu et que l'on verra retrouver de l'appétit, et re-
commencer à boire de l'eau comme de coutume, sans
être sujet à aucune rechute ni incommodité ulté-
rieure.

EUPHORBIA VILLOSA.

EUPHORBE VELUE.

EUPHORBIA

VILLOSA.

EUPHORBE VELUE.

Sa tige est haute de trois à cinq décimètres, branchue, quadrangulaire, cotonneuse, dure, mais ne subsiste pas plusieurs années comme les tiges vraiment ligneuses; ses feuilles sont ovales, cotonneuses, blanchâtres, portées sur de courts pétioles, un peu obtuses, et à peine dentées dans leur partie supérieure. Les fleurs des individus mâles sont ramassées à l'extrémité des pédoncules qui sont plus longs que les feuilles; les coques sont assez grosses, cotonneuses. Cette plante croît dans les provinces méridionales, à Gramont et Castelnau, près Montpellier (Gou); à Narbonne les échantillons desséchés deviennent quelquefois un peu rougeâtres au sommet.

M. le duc de Doudeauville nous dit aussi, dans un article inséré dans le *Constitutionnel* du 11 septembre 1846, que l'on trouve cette plante dans les prairies marécageuses.

VERATRUM ALBUM.

VERATRE BLANC.

VERATRUM

ALBUM.

VÉRATRE BLANC.

Sa tige est haute d'un mètre, droite, simple et cylindrique; elle se termine par une panicule de fleurs d'un blanc verdâtre, et dont les corolles sont droites ou médiocrement ouvertes. Ses feuilles sont fort grandes, ovales-lancéolées, et remarquables par des nervures nombreuses et parallèles. On trouve cette plante dans les pâturages des montagnes de la Provence, du Piémont, du Dauphiné, de la Savoie, du Jura, et dans les pâturages au pied des montagnes, etc. Elle porte le nom de *Varaire*, *Vraira*, *Varasa*, et sur-

tout celui d'*Ellébore blanc*, sous lequel elle était fort
connue des anciens médecins. On s'en est servi avec
succès pour guérir les maniaques ; sa racine est émé-
tique, et cause quelquefois des convulsions.

POLYGONUM HYDROPIPER.

(RENOUÉE POIVRE D'EAU)

PERSICAIRE.

POLYGONUM HYDROPIPER.

PERSICAIRE.

Sa tige est haute de cinq décimètres, cylindrique, lisse, articulée, un peu rameuse, et souvent tout à fait droite ; ses feuilles sont lancéolées, pointues, glabres, non tachées, et portées sur des pétioles très-courts. Les stipules sont presque nus ; ses fleurs sont la plupart à quatre lobes, médiocrement colorées, disposées en épis lâches et grêles : chacune d'elles a six étamines et deux stigmates. On trouve cette plante sur le bord de l'eau et dans les fosses humides : elle est diurétique et extérieurement résolutive, détersive et anti-œdémateuse. On la nomme vulgairement *Poivre d'eau, Curage, Renouée âcre.*

HELLEBORUS VULGARIS

ELLÉBORE VULGAIRE (PIED DE GRIFFON),
ou ELLEBORE VERT.

HELLEBORUS VULGARIS.

ELLÉBORE VULGAIRE (PIED DE GRIFFON),

ou

ELLÉBORE VERT.

Sa tige est droite, cylindrique, épaisse, ferme, feuillée, et haute de cinq décimètres ; ses feuilles sont coriaces, glabres, pétiolées, digitées, d'un vert noirâtre, souvent rougeâtre vers l'épanouissement de leur pétiole, et à digitations longues, pointues, et çà et là dentées en scie ; les corolles sont verdâtres et un peu rouges en leurs bords ; les pédoncules sont pubescents, les étamines sont presque aussi longues que les folioles du calice ; celles-ci sont verdâtres, un peu rougeâtres sur le bord, droites et fermées, ce qui donne à la fleur l'aspect de la flèche. On trouve cette plante dans les lieux stériles et pierreux, au bord des chemins ; elle a une odeur fétide : elle est âcre, et purge avec violence. Elle porte le nom vulgaire de *Pied de Griffon*.

DEUX EXEMPLAIRES

Ont été déposés à la Direction générale de la Librairie.